もくじ たし算・ひき算3年

ページ

たし算・ひき算のまとめ

整数

```
    6 3 0 7
  + 7 5 9 3
  1 3 9 0 0
```

```
    6 0 4 2
  - 3 9 8 7
    2 0 5 5
```

位をそろえて、一の位からじゅんに計算します。くり上がりやくり下がりに注意しましょう。

小数

小数のたし算・ひき算
　筆算のときは、上の小数点にそろえて、答えの小数点をうちます。

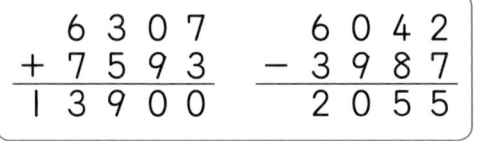

0、1、2、…が整数、0.4や2.3が小数だね。

小数点

```
    2.3
  + 0.4
    2.7
```

```
    4.2
  + 3.8
    8.0
```

```
    5.8
  - 1.4
    4.4
```

```
    6.0
  - 2.9
    3.1
```

分数

分数のたし算・ひき算
　分母はそのままで、分子の数をたしたりひいたりします。

分子と分母が同じ数のときに $\frac{4}{4}$ 分子／分母 1になるね。

$$\frac{2}{5} + \frac{1}{5} = \frac{3}{5}$$

$$\frac{2}{6} + \frac{4}{6} = \frac{6}{6} = 1$$

$$\frac{5}{7} - \frac{3}{7} = \frac{2}{7}$$

$$1 - \frac{1}{8} = \frac{8}{8} - \frac{1}{8} = \frac{7}{8}$$

10分

1 たし算
くり上がりのない3けたの数のたし算

／100点

1 たし算をしましょう。

1つ10〔20点〕

①
```
    6 0 5
 +  3 7 0
```
❸ ❷ ❶

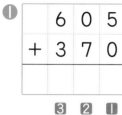

★ 筆算は、位をたてに
そろえて書く。
❶ 一の位の計算をする。
❷ 十の位の計算をする。
❸ 百の位の計算をする。

②
```
    4 5 0
 +    2 8
```

2 たし算をしましょう。

1つ10〔80点〕

①
```
    6 2 3
 +    5 1
```

②
```
    2 0 0
 +  7 8 6
```

③
```
    5 3 2
 +  3 6 0
```

④
```
    9 0 3
 +    7 5
```

⑤
```
      4 4
 +  8 5 4
```

⑥
```
    3 3 0
 +  1 4 9
```

⑦
```
    6 0 7
 +    6 2
```

⑧
```
    4 7 1
 +  2 1 6
```

答えは
65ページ

10分

1 たし算
くり上がりのない3けたの数のたし算

／100点

1 たし算をしましょう。　　　　　　1つ6〔36点〕

❶ 　　453
　　+341

❷ 　　715
　　+283

❸ 　　372
　　+424

❹ 　　600
　　+127

❺ 　　576
　　+403

❻ 　　807
　　+192

2 たし算をしましょう。　　　　　　1つ8〔24点〕

❶ 925+74

❷ 98+401

❸ 705+193

3 たし算をしましょう。　　　　　　1つ10〔40点〕

❶ 803+74

❷ 323+65

❸ 145+254

❹ 302+577

答えは
65ページ

きほん 2

1 たし算
くり上がりが１回ある3けたの数のたし算

1 たし算をしましょう。

1つ10〔20点〕

❶
```
    1 3 6
+     2 9
```

❶ 一の位の計算をする。
　くり上げた数は書いて
　おくとよい。
❷ 十の位の計算をする。
❸ 百の位の計算をする。

❸ ❷ ❶

❷
```
    4 3 7
+     8 2
```

2 たし算をしましょう。

1つ10〔80点〕

❶
```
    2 5 5
+     6 4
```

❷
```
    3 5 8
+   2 1 9
```

❸
```
    2 0 2
+   6 0 8
```

❹
```
    2 6 8
+       3
```

❺
```
    6 9 0
+     3 5
```

❻
```
    5 7 4
+   1 8 3
```

❼
```
    4 5 1
+     3 9
```

❽
```
    7 9 2
+   1 8 6
```

1 たし算
くり上がりが1回ある3けたの数のたし算

／100点

1 たし算をしましょう。　　　　　　　　　　　1つ6〔36点〕

❶
```
    3 2 8
+     9 1
```

❷
```
    2 4 9
+     2 8
```

❸
```
    4 2 7
+       9
```

❹
```
      4 7
+ 5 4 8
```

❺
```
      5 4
+ 1 8 3
```

❻
```
    2 0 8
+ 4 3 2
```

2 たし算をしましょう。　　　　　　　　　　　1つ8〔24点〕

❶ 627＋63

❷ 46＋572

❸ 249＋38

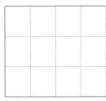
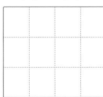

3 たし算をしましょう。　　　　　　　　　　　1つ10〔40点〕

❶ 706＋4

❷ 56＋927

❸ 524＋380

❹ 269＋708

きほん 3

1 たし算
くり上がりが2回ある3けたの数のたし算

/100点

1 たし算をしましょう。

1つ10〔20点〕

❶
```
    5 6 9
+   1 3 4
─────────
```

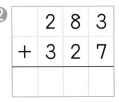
■ 一の位の計算をする。
② 十の位の計算をする。
③ 百の位の計算をする。

③ ② ■

❷
```
    2 8 3
+   3 2 7
─────────
```

2 たし算をしましょう。

1つ10〔80点〕

❶
```
    1 9 5
+     3 6
─────────
```

❷
```
    2 4 6
+   3 5 7
─────────
```

❸
```
    1 7 6
+   7 7 8
─────────
```

❹
```
    5 3 9
+     8 5
─────────
```

❺
```
      5 7
+   2 5 8
─────────
```

❻
```
    6 8 8
+   1 6 9
─────────
```

❼
```
    2 7 6
+     9 9
─────────
```

❽
```
    3 4 4
+   4 8 6
─────────
```

答えは
65ページ

1 たし算
くり上がりが 2 回ある3けたの数のたし算

／100点

1 たし算をしましょう。

1つ6〔36点〕

❶
```
   1 6 6
 +   9 4
```

❷
```
     9 8
 + 7 4 6
```

❸
```
   3 5 4
 + 2 8 8
```

❹
```
   2 7 6
 + 5 7 7
```

❺
```
   4 0 7
 + 4 9 8
```

❻
```
   2 6 1
 + 6 3 9
```

2 たし算をしましょう。

1つ8〔24点〕

❶ 637＋63

❷ 594＋278

❸ 467＋335

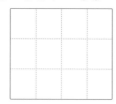
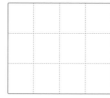

3 たし算をしましょう。

1つ10〔40点〕

❶ 835＋85

❷ 296＋54

❸ 658＋179

❹ 432＋368

答えは
65ページ

1 たし算
千の位にくり上がりのあるたし算

1 たし算をしましょう。

1つ10〔20点〕

❶
```
    3 5 2
+   9 3 5
```

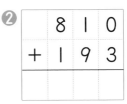
百の位でくり上
がったら、千の位
に百の位からくり
上げた１を書く。

❷
```
    8 1 0
+   1 9 3
```

2 たし算をしましょう。

1つ10〔80点〕

❶
```
    4 4 6
+   7 5 2
```

❷
```
    2 1 4
+   8 3 9
```

❸
```
    6 9 1
+   6 5 0
```

❹
```
    7 6 7
+   5 8 7
```

❺
```
    9 0 5
+     9 6
```

❻
```
    4 0 9
+   7 9 5
```

❼
```
    9 1 4
+     8 6
```

❽
```
    1 6 8
+   8 3 4
```

答えは
65ページ

1 たし算
千の位にくり上がりのあるたし算

1 たし算をしましょう。　　　　　　　　　1つ6〔36点〕

❶　　466
　　+705

❷　　954
　　+598

❸　　803
　　+697

❹　　196
　　+858

❺　　207
　　+904

❻　　629
　　+471

2 たし算をしましょう。　　　　　　　　　1つ8〔24点〕

❶　573+869

❷　206+994

❸　712+297

3 たし算をしましょう。　　　　　　　　　1つ10〔40点〕

❶　326+805

❷　975+25

❸　804+918

❹　543+659

答えは
65ページ

1 たし算
くり上がりのあるたし算

／100点

1 たし算をしましょう。　　　　　　1つ6〔36点〕

①
```
  3 7 5
+ 5 1 8
```

②
```
  5 6 7
+   6 5
```

③
```
  8 3 6
+ 6 0 3
```

④
```
  2 2 5
+ 6 8 4
```

⑤
```
  6 3 5
+ 4 6 0
```

⑥
```
    7 3
+ 9 4 8
```

2 たし算をしましょう。　　　　　　1つ8〔24点〕

① 787＋153

② 473＋895

③ 156＋204

3 たし算をしましょう。　　　　　　1つ10〔40点〕

① 995＋86

② 4＋309

③ 646＋485

④ 717＋524

1 たし算
くり上がりのあるたし算

1 たし算をしましょう。 1つ6〔36点〕

❶
```
   4 9 2
 + 7 5 3
```

❷
```
   7 2 0
 +   8 7
```

❸
```
   9 5 2
 + 1 3 6
```

❹
```
       7
 + 6 7 3
```

❺
```
   1 8 7
 + 9 4 5
```

❻
```
   5 2 9
 + 8 1 6
```

2 たし算をしましょう。 1つ8〔24点〕

❶ 709+426　❷ 281+291　❸ 468+545

3 たし算をしましょう。 1つ10〔40点〕

❶ 669+5

❷ 484+607

❸ 815+372

❹ 36+964

きほん 6

1 たし算
4けたの数のたし算

10分

／100点

1 たし算をしましょう。　　　　　　　　　　1つ10〔20点〕

①
```
    2 6 3 5
  +   7 4 6
```

1 一の位から計算する。
2 百の位の計算をする。
　6+7=13より、
　千の位に 1 くり上げる。
3 千の位の計算をする。

❸ ❷　　❶

②
```
    4 3 5 7
  + 5 4 8 0
```

2 たし算をしましょう。　　　　　　　　　　1つ10〔80点〕

①
```
    3 8 6 3
  +   5 7 2
```

②
```
    2 7 6 4
  + 5 8 2 9
```

③
```
      3 9 3
  + 1 8 5 7
```

④
```
    5 8 3 6
  + 3 0 9 8
```

⑤
```
    2 4 7 8
  + 6 8 3 9
```

⑥
```
    4 0 9 5
  + 4 9 3 8
```

⑦
```
    3 6 4 9
  + 2 5 5 6
```

⑧
```
    6 2 5 7
  + 3 0 4 5
```

1 たし算
4けたの数のたし算

月　　日

10分

／100点

1 たし算をしましょう。
1つ6〔36点〕

❶　　7948
　+　　653

❷　　2683
　+5396

❸　　3467
　+2658

❹　　4375
　+3478

❺　　6439
　+1582

❻　　3802
　+5469

2 たし算をしましょう。
1つ8〔24点〕

❶ 4752+3176

❷ 2067+6938

❸ 985+5017

3 たし算をしましょう。
1つ10〔40点〕

❶ 6279+824

❷ 5217+2794

❸ 3943+4657

❹ 7317+1976

答えは
66ページ

月　日　／100点

2 ひき算
くり下がりのない3けたの数のひき算

1 ひき算をしましょう。

1つ10〔20点〕

①
```
    6 5 8
  − 4 2 7
```

■ 一の位の計算をする。
■ 十の位の計算をする。
■ 百の位の計算をする。

③ ② ■

②
```
    5 1 3
  − 3 0 1
```

2 ひき算をしましょう。

1つ10〔80点〕

①
```
    3 9 5
  −   7 1
```

②
```
    6 0 7
  − 1 0 2
```

③
```
    8 4 0
  −   2 0
```

④
```
    9 6 4
  − 7 0 0
```

⑤
```
    1 3 8
  − 1 0 1
```

⑥
```
    6 7 6
  − 5 3 0
```

⑦
```
    7 0 9
  − 1 0 9
```

⑧
```
    4 9 3
  − 2 6 1
```

2 ひき算
くり下がりのない3けたの数のひき算

/100点

1 ひき算をしましょう。

1つ6〔36点〕

❶
```
    6 9 4
 −    4 0
```

❷
```
    5 8 0
 −    3 0
```

❸
```
    4 7 9
 − 1 4 4
```

❹
```
    9 4 7
 − 6 1 3
```

❺
```
    6 5 9
 − 2 5 0
```

❻
```
    7 0 2
 − 4 0 2
```

2 ひき算をしましょう。

1つ8〔24点〕

❶ 454−424

❷ 799−63

❸ 679−246

3 ひき算をしましょう。

1つ10〔40点〕

❶ 586−284

❷ 970−630

❸ 664−661

❹ 958−553

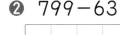

答えは
66ページ

月　　日

10分

2　ひき算
くり下がりが1回ある3けたの数のひき算

／100点

1 ひき算をしましょう。

1つ10〔20点〕

①
```
   8 1 7
-  5 6 3
```

1 十の位のひき算ができないので、百の位からくり下げて 11－6 の計算をする。

2 百の位は1くり下げたので、7－5の計算をする。

2 **1**

②
```
   4 2 3
-  1 8
```

2 ひき算をしましょう。

1つ10〔80点〕

①
```
   5 4 8
-  3 7 5
```

②
```
   2 7 4
-    9 2
```

③
```
   4 0 9
-    8 3
```

④
```
   8 1 6
-  1 9 4
```

⑤
```
   3 5 1
-  2 4 7
```

⑥
```
   2 8 5
-    5 9
```

⑦
```
   6 9 4
- 1 6 8
```

⑧
```
   3 5 7
-   6 4
```

月　　日

2 ひき算
くり下がりが1回ある3けたの数のひき算

／100点

1 ひき算をしましょう。　　　　　　　　1つ6〔36点〕

❶
```
    9 3 2
 -  4 1 5
```

❷
```
    8 5 3
 -    9 2
```

❸
```
    1 3 2
 -    2 8
```

❹
```
    4 6 7
 -      9
```

❺
```
    6 8 6
 -    2 8
```

❻
```
    7 5 8
 -    8 4
```

2 ひき算をしましょう。　　　　　　　　1つ8〔24点〕

❶ 596－128

❷ 845－492

❸ 904－610

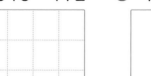

3 ひき算をしましょう。　　　　　　　　1つ10〔40点〕

❶ 352－3

❷ 837－28

❸ 946－156

❹ 705－511

答えは
66ページ

10分

2 ひき算
くり下がりが2回ある3けたの数のひき算

／100点

1 ひき算をしましょう。

1つ10〔20点〕

①
```
    4 2 6
 －  1 6 7
```

> **1** 一の位のひき算ができないので、十の位からくり下げて 16－7 の計算をする。
> **2** 十の位のひき算ができないので、百の位からくり下げて 11－6 の計算をする。

②
```
    5 9 1
 －    9 4
```

2 ひき算をしましょう。

1つ10〔80点〕

①
```
    7 3 5
 －  6 4 9
```

②
```
    9 1 3
 －    5 7
```

③
```
    3 6 0
 －  1 7 8
```

④
```
    1 2 1
 －    8 4
```

⑤
```
    8 7 2
 －    9 5
```

⑥
```
    6 4 3
 －  4 4 8
```

⑦
```
    5 4 1
 －  2 8 5
```

⑧
```
    2 5 1
 －    7 2
```

答えは
66ページ

2 ひき算
くり下がりが 2 回ある3けたの数のひき算

／100点

1 ひき算をしましょう。　　　　　　　　　　　　　1つ6〔36点〕

❶
```
    4 8 3
 -  1 8 5
```

❷
```
    8 1 5
 -  4 2 6
```

❸
```
    6 1 2
 -  2 5 7
```

❹
```
    5 2 3
 -    5 9
```

❺
```
    1 4 7
 -    7 9
```

❻
```
    7 3 4
 -  3 4 5
```

2 ひき算をしましょう。　　　　　　　　　　　　　1つ8〔24点〕

❶ 486－197

❷ 961－562

❸ 377－278

3 ひき算をしましょう。　　　　　　　　　　　　　1つ10〔40点〕

❶ 125－69

❷ 713－65

❸ 842－563

❹ 911－333

答えは 66ページ

きほん 10

2 ひき算
十の位が 0 の3けたの数のひき算

／100点

1 ひき算をしましょう。

1つ10〔20点〕

❶
```
  6 0 3
− 2 5 8
```

❶ 一の位のひき算で、十の位からは、くり下げられないので、百の位から十の位に1くり下げる。
❷ 次に、十の位から一の位に1くり下げる。

❷
```
  4 0 0
− 3 8 6
```

2 ひき算をしましょう。

1つ10〔80点〕

❶
```
  9 0 3
− 5 4 4
```

❷
```
  2 0 4
− 1 0 9
```

❸
```
  5 0 3
−   7 7
```

❹
```
  7 0 4
−   9 6
```

❺
```
  1 0 5
−   6 9
```

❻
```
  3 0 5
− 1 7 8
```

❼
```
  9 0 7
− 5 6 8
```

❽
```
  8 0 0
− 3 9 2
```

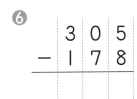

答えは 67ページ

2 ひき算
十の位が0の3けたの数のひき算

10分

／100点

1 ひき算をしましょう。 1つ6〔36点〕

❶
```
  9 0 1
- 3 3 3
```

❷
```
  6 0 3
- 2 4 7
```

❸
```
  5 0 5
- 3 2 7
```

❹
```
  2 0 4
- 1 0 8
```

❺
```
  8 0 8
- 6 5 9
```

❻
```
  7 0 0
- 4 7 4
```

2 ひき算をしましょう。 1つ8〔24点〕

❶ 805−787

❷ 302−89

❸ 701−506

3 ひき算をしましょう。 1つ10〔40点〕

❶ 407−99

❷ 705−376

❸ 600−578

❹ 501−196

答えは67ページ

2 ひき算
くり下がりのあるひき算

／100点

1 ひき算をしましょう。　　　　　　　　　　　1つ6〔36点〕

① 　 3 2 9
　 − 1 4 6

② 　 6 5 7
　 − 4 5 9

③ 　 4 8 1
　 − 2 6 6

④ 　 7 6 3
　 − 5 7 1

⑤ 　 9 0 6
　 − 　 3 9

⑥ 　 5 3 3
　 − 2 8 5

2 ひき算をしましょう。　　　　　　　　　　　1つ8〔24点〕

① 823−694

② 579−483

③ 452−336

3 ひき算をしましょう。　　　　　　　　　　　1つ10〔40点〕

① 114−18

② 205−8

③ 950−392

④ 683−109

答えは
67ページ

かくにん
11

2 ひき算
くり下がりのあるひき算

10分
／100点

1 ひき算をしましょう。

1つ6〔36点〕

❶
```
  8 8 6
− 6 5 8
```

❷
```
  7 1 5
− 4 7 3
```

❸
```
  1 0 1
−   3 4
```

❹
```
  3 0 0
− 1 8 2
```

❺
```
  2 6 2
− 1 9 7
```

❻
```
  5 5 4
− 3 4 5
```

2 ひき算をしましょう。

1つ8〔24点〕

❶ 155−128

❷ 938−767

❸ 823−580

3 ひき算をしましょう。

1つ10〔40点〕

❶ 704−495

❷ 240−114

❸ 492−303

❹ 679−489

答えは
67ページ

きほん 12

2 ひき算
4けたの数のひき算

／100点

1 ひき算をしましょう。

1つ10〔20点〕

❶
```
    6 2 7 2
 －  3 2 8 1
```

★ 一の位から計算をする。
★ ひけないときは、となりの位からくり下げて計算する。

❷
```
    4 6 0 5
 －  1 8 6 9
```

2 ひき算をしましょう。

1つ10〔80点〕

❶
```
    7 1 5 3
 －  5 0 5 9
```

❷
```
    2 0 7 1
 －    9 8 4
```

❸
```
    6 9 2 6
 －  4 9 2 7
```

❹
```
    3 5 2 9
 －  2 8 3 5
```

❺
```
    9 0 0 2
 －  7 6 5 4
```

❻
```
    8 5 2 0
 －  6 7 3 8
```

❼
```
    5 4 9 3
 －  1 8 2 5
```

❽
```
    7 3 0 0
 －  3 6 1 9
```

月　　日

10分

2 ひき算
4けたの数のひき算

／100点

1 ひき算をしましょう。　　　　　　　　　1つ6〔36点〕

❶
```
   7 5 1 3
 - 2 4 1 6
```

❷
```
   8 1 6 1
 - 5 4 9 5
```

❸
```
   6 7 5 2
 - 2 9 8 4
```

❹
```
   8 3 9 4
 - 4 7 6 8
```

❺
```
   5 4 3 6
 - 1 8 9 7
```

❻
```
   2 3 6 8
 -   5 6 9
```

2 ひき算をしましょう。　　　　　　　　　1つ8〔24点〕

❶ 6254－1856

❷ 4986－3997

❸ 9025－5439

3 ひき算をしましょう。　　　　　　　　　1つ10〔40点〕

❶ 1814－765

❷ 3600－822

❸ 7000－3721

❹ 9003－6348

答えは
67ページ

きほん 13

3 たし算・ひき算
たし算とひき算の暗算

／100点

1 暗算で計算しましょう。

1つ6〔24点〕

① 34+13

② 45+35

③ 77−14

④ 50−16

> **ポイント**
> ② 45 を 40 と 5 に、35 を 30
> と 5 に分けて、
> 40+30=70　5+5=10
> より、70+10=80
> ④ 16 を 20 と考えて、
> 50−20=30　30+4=34
> または、16 を 10 と 6 に分けて、
> 50−10=40　40−6=34

2 暗算で計算しましょう。

❶〜❽ 1つ6、❾〜⓬ 1つ7〔76点〕

① 40+26

② 37+51

③ 66+14

④ 24+57

⑤ 68−25

⑥ 89−27

⑦ 90−22

⑧ 60−33

⑨ 51+56

⑩ 90+38

⑪ 100−42

⑫ 100−85

3 たし算・ひき算
たし算とひき算の暗算

/100点

1 暗算で計算しましょう。　　　　　　　　1つ5〔40点〕

❶ 76＋13

❷ 34＋75

❸ 24＋58

❹ 49＋26

❺ 82－52

❻ 98－84

❼ 92－39

❽ 51－43

2 暗算で計算しましょう。　　　　　　　　1つ6〔60点〕

❶ 7＋76

❷ 65－57

❸ 17＋83

❹ 68＋32

❺ 45＋55

❻ 33＋97

❼ 100－18

❽ 100－38

❾ 100－71

❿ 100－64

答えは
67ページ

3 たし算・ひき算
たし算のまとめ

1 たし算をしましょう。　　　　　　　　1つ6〔54点〕

①
```
  797
+ 108
```

②
```
  365
+ 439
```

③
```
  427
+ 243
```

④
```
  2276
+ 1982
```

⑤
```
  4381
+ 3569
```

⑥
```
  6271
+ 2897
```

⑦
```
  26
  58
+ 96
```

⑧
```
  49
  34
+118
```

⑨
```
   37
  298
+ 354
```

2 たし算をしましょう。　　❶〜❹1つ7、❺〜❻1つ9〔46点〕

① 45＋189

② 379＋32

③ 672＋168

④ 207＋493

⑤ 48＋72＋108

⑥ 27＋476＋81

答えは
67ページ

3 たし算・ひき算
たし算のまとめ

月　　日

10分

／100点

1 たし算をしましょう。　　　　　　　　　　　1つ6〔54点〕

①
```
   6 1 9
+  2 8 7
```

②
```
   4 6 4
+  3 3 9
```

③
```
   1 7 3
+  6 5 7
```

④
```
   3 8 5
+  5 9 6
```

⑤
```
   4 5 7
+  4 4 4
```

⑥
```
   2 0 3
+  7 9 8
```

⑦
```
      8 3
      4 5
+  2 7 9
```

⑧
```
   5 0 8
      7 1
+  2 2 4
```

⑨
```
   2 8 1
   6 0 7
+  3 1 5
```

2 たし算をしましょう。　　　①〜④1つ7、⑤〜⑥1つ9〔46点〕

① 627+63

② 594+278

③ 7309+1692

④ 4028+3896

⑤ 84+371+45

⑥ 467+98+335

答えは
68ページ

きほん 15

3 たし算・ひき算
ひき算のまとめ

／100点

1 ひき算をしましょう。　　　　　　　　　1つ5〔30点〕

① 　396
　 −147

② 　601
　 −256

③ 　364
　 −189

④ 　4318
　 −3192

⑤ 　7521
　 −6726

⑥ 　9015
　 −1817

2 ひき算をしましょう。　　　　　　　　　1つ7〔70点〕

① 307−29

② 473−58

③ 408−81

④ 712−13

⑤ 817−463

⑥ 795−365

⑦ 540−286

⑧ 374−295

⑨ 9465−4369

⑩ 6016−2577

答えは
68ページ

月　　日

⏱ 10分

3 たし算・ひき算
ひき算のまとめ

／100点

1 ひき算をしましょう。

1つ5〔30点〕

①
$$\begin{array}{r} 8\ 4\ 7 \\ -\ 7\ 3\ 8 \\ \hline \end{array}$$

②
$$\begin{array}{r} 5\ 0\ 5 \\ -\ 1\ 6\ 6 \\ \hline \end{array}$$

③
$$\begin{array}{r} 9\ 0\ 4 \\ -\ 2\ 0\ 8 \\ \hline \end{array}$$

④
$$\begin{array}{r} 2\ 6\ 5\ 1 \\ -\ 1\ 8\ 6\ 3 \\ \hline \end{array}$$

⑤
$$\begin{array}{r} 7\ 0\ 1\ 6 \\ -\ 4\ 0\ 1\ 9 \\ \hline \end{array}$$

⑥
$$\begin{array}{r} 4\ 8\ 0\ 6 \\ -\ 2\ 8\ 9\ 7 \\ \hline \end{array}$$

2 ひき算をしましょう。

1つ7〔70点〕

① 342－89

② 695－68

③ 860－761

④ 206－198

⑤ 700－374

⑥ 405－209

⑦ 5000－1522

⑧ 3482－1637

⑨ 9002－5018

⑩ 7020－3801

答えは
68ページ

3 たし算・ひき算
たし算とひき算のまとめ

月　日

10分

／100点

1 計算をしましょう。　　　　　　　　　　　　　1つ6〔36点〕

① 342＋254－15

② 945－12＋246

③ 734－32－501

④ 56＋427－461

⑤ 563－49＋281

⑥ 654－99－212

2 計算をしましょう。　　　　　　　　　　　　　1つ8〔64点〕

① 2431＋3253－444

② 8999－342＋1125

③ 6949－205－1421

④ 4923＋525－1527

⑤ 3826－244＋1082

⑥ 7777－2836－942

⑦ 9000－556－3271

⑧ 3482－3125－356

答えは
68ページ

3 たし算・ひき算
たし算とひき算のまとめ

／100点

1 計算をしましょう。

1つ6〔36点〕

❶ 320＋5410−698　　❷ 852−4＋4006

❸ 9457−9449＋175　　❹ 6602−3529−453

❺ 3015＋997−452　　❻ 2031−1370＋3869

2 計算をしましょう。

1つ8〔64点〕

❶ 6000−32−5089　　❷ 3955−471＋4637

❸ 9384−392−1914　　❹ 925−3＋3729

❺ 3282＋392−876　　❻ 2575−598＋6341

❼ 4000−1＋3824

❽ 3939＋312−82

答えは
68ページ

10分

きほん 17

3 たし算・ひき算
たし算のじゅんじょ

／100点

1 計算をしましょう。

1つ7〔28点〕

① （32＋34）＋46

② 25＋(82＋28)

③ 392＋523＋77

④ 547＋350＋453

> **ポイント**
> ① ( )の中は先に計算する。
> ③ たし算だけなので、どこから先に計算してもかまいません。
> きりのよい数になるように、くふうしてみましょう。
> → 523＋77＝600

2 くふうして計算をしましょう。

①〜⑧1つ7、⑨⑩1つ8〔72点〕

① 66＋66＋34

② 19＋45＋81

③ 55＋39＋45

④ 13＋74＋26

⑤ 324＋49＋11

⑥ 431＋92＋49

⑦ 489＋392＋498

⑧ 119＋638＋362

⑨ 29＋3942＋11

⑩ 5983＋184＋16

答えは
68ページ

3 たし算・ひき算
たし算のじゅんじょ

／100点

1 計算をしましょう。　　　　　　　　　　1つ6〔36点〕

❶ （16＋34)＋86

❷ 444＋(289＋21)

❸ 202＋603＋397

❹ 843＋391＋929

❺ 3824＋182＋2438

❻ 2289＋1726＋2411

2 くふうして計算をしましょう。　　　　　　1つ8〔64点〕

❶ 36＋13＋64

❷ 49＋42＋58

❸ 17＋99＋83

❹ 72＋22＋18

❺ 255＋293＋745

❻ 194＋534＋806

❼ 832＋4851＋3949

❽ 35＋39＋95＋11

答えは
68ページ

月　　　日

10分

／100点

3 たし算・ひき算
大きい数の計算

1 計算をしましょう。

1つ7〔28点〕

❶ 26000＋8000

❷ 23万＋12万

❸ 34000－7000

❹ 56万－42万

ポイント
❶「1000」の何こ分か
を考える。→ 26＋8
❷「万」の何こ分かを考
える。→ 23＋12

2 計算をしましょう。

❶～❽1つ7、❾❿1つ8〔72点〕

❶ 7000＋39000

❷ 56000－3000

❸ 45000＋27000

❹ 40000－18000

❺ 84万＋37万

❻ 91万－56万

❼ 63万＋389万

❽ 493万－88万

❾ 285000＋618000

❿ 912000－399000

答えは
69ページ

3 たし算・ひき算
大きい数の計算

／100点

1 計算をしましょう。　　　　　　　　　　　1つ5〔40点〕

❶ 68000＋96000

❷ 180000＋340000

❸ 958万＋741万

❹ 248万＋518万

❺ 94000－69000

❻ 760000－280000

❼ 913万－506万

❽ 348万－163万

2 計算をしましょう。　　　　　　　　　　　1つ6〔60点〕

❶ 2800＋54200

❷ 950000＋48000

❸ 54300＋29600

❹ 503万＋297万

❺ 384万＋719万

❻ 56000－27200

❼ 201000－190000

❽ 532000－446000

❾ 543万－289万

❿ 901万－372万

答えは
69ページ

3 たし算・ひき算
□にあてはまる数 ①

10分

／100点

1 □にあてはまる数をもとめましょう。　　　1つ8〔16点〕

❶ 　□　+58=83

> ★ 意味を考えながら、□をもとめる。
> または、図をかいて考えてもよい。
> ❶ □に 58 をたすと 83 だから、
> 　□は 83 から 58 をひいた数になる。

❷ 42+　□　=99

2 □にあてはまる数をもとめましょう。　　　1つ6〔84点〕

❶ 　□　+37=63

❷ 　□　+18=91

❸ 53+　□　=69

❹ 27+　□　=65

❺ 　□　+83=87

❻ 　□　+5=94

❼ 72+　□　=75

❽ 8+　□　=71

❾ 　□　+19=57

❿ 28+　□　=45

⓫ 　□　+17=105

⓬ 62+　□　=118

⓭ 　□　+35=109

⓮ 48+　□　=103

答えは
69ページ

月　　日

10分

3 たし算・ひき算
□にあてはまる数 ①

／100点

1 □にあてはまる数をもとめましょう。　　　　　1つ5〔40点〕

❶ $47 + \boxed{} = 100$　　　❷ $\boxed{} + 71 = 156$

❸ $94 + \boxed{} = 102$　　　❹ $\boxed{} + 49 = 108$

❺ $56 + \boxed{} = 105$　　　❻ $\boxed{} + 48 = 117$

❼ $115 + \boxed{} = 123$　　　❽ $\boxed{} + 9 = 140$

2 □にあてはまる数をもとめましょう。　　　　　1つ5〔60点〕

❶ $43 + \boxed{} = 181$　　　❷ $\boxed{} + 654 = 700$

❸ $\boxed{} + 360 = 550$　　　❹ $39 + \boxed{} = 205$

❺ $430 + \boxed{} = 601$　　　❻ $\boxed{} + 109 = 305$

❼ $\boxed{} + 72 = 527$　　　❽ $28 + \boxed{} = 400$

❾ $197 + \boxed{} = 240$　　　❿ $\boxed{} + 419 = 543$

⓫ $\boxed{} + 235 = 360$　　　⓬ $108 + \boxed{} = 216$

答えは
69ページ

月　　日

3 たし算・ひき算
□にあてはまる数 ②

／100点

1 □にあてはまる数をもとめましょう。　　　1つ7〔28点〕

❶ □ − 49 = 38

❷ 72 − □ = 67

❸ □ − 8 = 42

❹ 63 − □ = 54

> ★ 意味を考えながら、□をもとめる。
> または、図をかいて考えてもよい。
> ❶ □から 49 をひくと 38 になるので、
> □は 38 と 49 をたした数になる。
> ❷ 72 から□をひくと 67 になるので、
> □は 72 から 67 をひいた数になる。

2 □にあてはまる数をもとめましょう。　　　1つ6〔72点〕

❶ □ − 22 = 56　　　❷ □ − 8 = 75

❸ 54 − □ = 26　　　❹ 64 − □ = 61

❺ □ − 43 = 37　　　❻ □ − 57 = 21

❼ 96 − □ = 41　　　❽ 50 − □ = 29

❾ □ − 68 = 72　　　❿ 150 − □ = 24

⓫ □ − 129 = 53　　　⓬ 196 − □ = 47

3 たし算・ひき算
□にあてはまる数 ②

月　　日

10分

／100点

1 □にあてはまる数をもとめましょう。　　　　1つ5〔40点〕

① $115 - \boxed{} = 69$　　② $\boxed{} - 37 = 83$

③ $145 - \boxed{} = 138$　　④ $\boxed{} - 9 = 99$

⑤ $106 - \boxed{} = 24$　　⑥ $\boxed{} - 32 = 99$

⑦ $151 - \boxed{} = 87$　　⑧ $\boxed{} - 69 = 48$

2 □にあてはまる数をもとめましょう。　　　　1つ5〔60点〕

① $282 - \boxed{} = 129$　　② $\boxed{} - 108 = 197$

③ $\boxed{} - 79 = 361$　　④ $193 - \boxed{} = 128$

⑤ $524 - \boxed{} = 344$　　⑥ $\boxed{} - 267 = 101$

⑦ $\boxed{} - 328 = 86$　　⑧ $565 - \boxed{} = 276$

⑨ $600 - \boxed{} = 308$　　⑩ $\boxed{} - 283 = 123$

⑪ $\boxed{} - 92 = 226$　　⑫ $504 - \boxed{} = 485$

答えは
69ページ

きほん 21

4 小数
小数のたし算

／100点

1 たし算をしましょう。

1つ7〔28点〕

① 0.5＋0.2

② 1.1＋0.8

③ 2.3＋1.9

④ 1.4＋2.6

> **ポイント**
> ★ 0.1 をもとにして考える。
> ① 1 0.5 → 0.1 が 5 こ
> 　　0.2 → 0.1 が 2 こ
> 　2 あわせると 0.1 が 7 こ
> ★ 答えの小数第一位が 0 に
> なったときは、その 0 は書
> かずにはぶく。
> ④ 答えは 4.0 ではなく 4 と
> 書く。

2 たし算をしましょう。

1つ6〔72点〕

① 0.3＋0.6

② 0.4＋0.5

③ 1.3＋0.4

④ 1.2＋1.7

⑤ 2.4＋1.3

⑥ 1.6＋2.2

⑦ 1.9＋2

⑧ 1.6＋1

⑨ 2.9＋0.7

⑩ 1.7＋1.8

⑪ 1.2＋2.8

⑫ 1.1＋1.9

答えは
69ページ

月　　日

4 小数
小数のたし算

10分 ／100点

1 たし算をしましょう。　　　　　　　　　　1つ5〔40点〕

① 1.1＋0.3　　　　② 1.5＋1.4

③ 2.3＋0.2　　　　④ 1.1＋1.7

⑤ 1.7＋2.1　　　　⑥ 2.1＋1.8

⑦ 2＋0.7　　　　　⑧ 2＋1.2

2 たし算をしましょう。　　　　　　　　　　1つ6〔60点〕

① 2.8＋1.5　　　　② 2.6＋1.9

③ 1.2＋0.9　　　　④ 1.5＋1.6

⑤ 2.3＋1.8　　　　⑥ 1.7＋1.9

⑦ 0.5＋2.5　　　　⑧ 2.3＋0.7

⑨ 1.8＋0.2　　　　⑩ 1.6＋2.4

44—たし算・ひき算3年

答えは
69ページ

きほん **22**

4 小数
小数のひき算

／100点

1 ひき算をしましょう。

1つ7〔28点〕

❶ 0.7 − 0.2

❷ 1 − 0.3

❸ 1.5 − 0.5

❹ 2.3 − 1.8

> **ポイント**
> ★ 0.1 をもとにして考える。
> ❶ ① 0.7 → 0.1 が 7 こ
> 　　0.2 → 0.1 が 2 こ
> 　② ひくと 0.1 が 5 こ
> ❷ 1 は 1.0 と考える。
> 　→ 0.1 が 10 こ

2 ひき算をしましょう。

1つ6〔72点〕

❶ 0.8 − 0.6

❷ 0.7 − 0.3

❸ 1 − 0.9

❹ 1 − 0.4

❺ 1.4 − 0.1

❻ 1.7 − 1.1

❼ 1.9 − 1

❽ 2.2 − 2

❾ 1.1 − 0.8

❿ 2.1 − 0.6

⓫ 2 − 0.4

⓬ 2 − 1.3

答えは
70ページ

月　　日

10分

4 小数
小数のひき算

／100点

1 ひき算をしましょう。

1つ5〔40点〕

❶ 0.6−0.1

❷ 0.7−0.4

❸ 1.8−0.4

❹ 1.9−0.8

❺ 1.7−0.2

❻ 2.8−1.7

❼ 2.9−1.9

❽ 1.8−1.6

2 ひき算をしましょう。

1つ6〔60点〕

❶ 2.8−2

❷ 4.9−3

❸ 1−0.6

❹ 2−0.9

❺ 1.1−0.3

❻ 1.3−0.4

❼ 1.4−0.7

❽ 1.2−0.7

❾ 1.5−0.9

❿ 2.6−0.8

答えは
70ページ

4 小数
小数のたし算の筆算

月　　日

10分

／100点

1 たし算をしましょう。

1つ10〔20点〕

①
```
  3.2
+ 2.7
```

★ 位(小数点)をそろえて書く。
★ 整数のたし算と同じように計算する。
❶ 上の小数点にそろえて、答えの小数点をうつ。

②
```
  4.8
+ 6.5
```

2 たし算をしましょう。

1つ10〔80点〕

①
```
  1.7
+ 4.1
```

②
```
  0.3
+ 2.9
```

③
```
  7.4
+ 3.7
```

④
```
  5.1
+ 2.6
```

⑤
```
  3.1
+ 6.9
```

⑥
```
  4
+ 2.7
```

⑦
```
  8.4
+ 9.8
```

⑧
```
  7.8
+ 2.2
```

4 小数

小数のたし算の筆算

／100点

1 たし算をしましょう。　　　　　　　　　1つ6〔36点〕

① 　1.2
　+ 1.5

② 　6.4
　+ 2.4

③ 　3.5
　+ 6.4

④ 　0.4
　+ 0.6

⑤ 　1.7
　+ 0.3

⑥ 　4.8
　+ 3.5

2 たし算をしましょう。　　　　　　　　　1つ8〔24点〕

① 5.6+17.7　　② 12.7+9.9　　③ 11.8+3.4

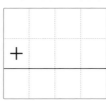

3 たし算をしましょう。　　　　　　　　　1つ10〔40点〕

① 9.3+6.7　　　　　② 4.8+0.7

③ 16.9+2.9　　　　　④ 5.8+24.2

答えは
70ページ

4 小数
小数のひき算の筆算

1 ひき算をしましょう。　　　　　　　　1つ10〔20点〕

①
```
  0.8
- 0.3
```

★ 位(小数点)をそろえて書く。
★ 整数のひき算と同じように計算する。
■ 上の小数点にそろえて、答えの小数点をうつ。

②
```
  9.4
- 2.8
```

2 ひき算をしましょう。　　　　　　　　1つ10〔80点〕

①
```
  4.9
- 3.5
```

②
```
  8.7
- 6.4
```

③
```
  5.9
- 3.9
```

④
```
  1.7
- 0.5
```

⑤
```
  8.4
- 3.7
```

⑥
```
  9
- 2.9
```

⑦
```
  5
- 4.2
```

⑧
```
  7.3
- 4.8
```

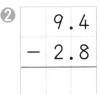

4 小数
小数のひき算の筆算

／100点

1 ひき算をしましょう。　　　　　　　　　1つ6〔36点〕

① 　6.8
　−1.5

② 　9.8
　−3.6

③ 　5.9
　−5.3

④ 　4.7
　−2.7

⑤ 　1.3
　−0.8

⑥ 　3.2
　−1.4

2 ひき算をしましょう。　　　　　　　　　1つ8〔24点〕

① 19−6.3

② 15−1.2

③ 10.3−9.4

3 ひき算をしましょう。　　　　　　　　　1つ10〔40点〕

① 8−3.5

② 5.2−1.8

③ 10−3.7

④ 16.4−13.7

答えは
70ページ

きほん 25

4 小数
小数の計算

1 計算をしましょう。　　　　　　　　　　1つ5〔40点〕

❶ 1.2+3.1

❷ 2.1+3.8

❸ 3+5.2

❹ 4.2+1.7

❺ 0.5−0.1

❻ 2.9−1.6

❼ 7.6−3

❽ 10.4−8.4

2 計算をしましょう。　　　　　　　　　　1つ6〔60点〕

❶ 2.7+3.3

❷ 2.4+6.7

❸ 3.9+4.8

❹ 5.7+4.5

❺ 6+5.1

❻ 2.2−0.9

❼ 9.4−7.8

❽ 4−1.4

❾ 8−4.7

❿ 9−8.3

答えは
70ページ

かくにん **25**

4 小数
小数の計算

／100点

1 計算をしましょう。　　　　　　　　　　1つ5〔40点〕

① 4.6＋3.9

② 2.6＋5.4

③ 7＋5.8

④ 6.5＋1.7

⑤ 6.2－1.5

⑥ 9－2.3

⑦ 9.2－4.3

⑧ 5.5－4.8

2 計算をしましょう。　　　　　　　　　　1つ6〔60点〕

① 4.7＋7.8

② 5.7＋13.6

③ 3.5＋6.8

④ 9.8＋0.6

⑤ 6.9＋12.1

⑥ 17.4－16.8

⑦ 16.1－3.7

⑧ 13－0.3

⑨ 15－2.8

⑩ 10－0.7

答えは
70ページ

5 分数
分数のたし算

1 たし算をしましょう。

1つ7〔28点〕

① $\dfrac{2}{7} + \dfrac{4}{7}$

② $\dfrac{1}{8} + \dfrac{5}{8}$

③ $\dfrac{3}{4} + \dfrac{1}{4}$

④ $\dfrac{4}{6} + \dfrac{2}{6}$

> **ポイント**
> ① 分母が同じ分数のたし算は分子で考える。
> $\dfrac{2}{7}$ は $\dfrac{1}{7}$ が 2 こ、$\dfrac{4}{7}$ は $\dfrac{1}{7}$ が 4 こ → 2＋4＝6 → $\dfrac{6}{7}$
> ③④ 分子と分母が同じ数のときは、1 になる。

2 たし算をしましょう。

1つ8〔72点〕

① $\dfrac{1}{8} + \dfrac{4}{8}$

② $\dfrac{5}{10} + \dfrac{4}{10}$

③ $\dfrac{3}{7} + \dfrac{3}{7}$

④ $\dfrac{2}{5} + \dfrac{1}{5}$

⑤ $\dfrac{2}{4} + \dfrac{1}{4}$

⑥ $\dfrac{2}{6} + \dfrac{3}{6}$

⑦ $\dfrac{1}{3} + \dfrac{2}{3}$

⑧ $\dfrac{3}{5} + \dfrac{2}{5}$

⑨ $\dfrac{6}{9} + \dfrac{3}{9}$

答えは
70ページ

/100点

5 分数
分数のたし算

1 たし算をしましょう。　　　　　❶〜⓬ 1つ6、⓭〜⓰ 1つ7〔100点〕

❶ $\dfrac{5}{8}+\dfrac{2}{8}$

❷ $\dfrac{2}{9}+\dfrac{6}{9}$

❸ $\dfrac{1}{4}+\dfrac{2}{4}$

❹ $\dfrac{3}{5}+\dfrac{1}{5}$

❺ $\dfrac{4}{7}+\dfrac{1}{7}$

❻ $\dfrac{2}{10}+\dfrac{6}{10}$

❼ $\dfrac{1}{9}+\dfrac{7}{9}$

❽ $\dfrac{1}{3}+\dfrac{1}{3}$

❾ $\dfrac{2}{8}+\dfrac{4}{8}$

❿ $\dfrac{3}{7}+\dfrac{2}{7}$

⓫ $\dfrac{2}{6}+\dfrac{1}{6}$

⓬ $\dfrac{6}{10}+\dfrac{3}{10}$

⓭ $\dfrac{3}{7}+\dfrac{4}{7}$

⓮ $\dfrac{4}{5}+\dfrac{1}{5}$

⓯ $\dfrac{3}{6}+\dfrac{3}{6}$

⓰ $\dfrac{7}{10}+\dfrac{3}{10}$

答えは
71ページ

5 分数
分数のひき算

／100点

1 ひき算をしましょう。　　　　　　　　1つ7〔28点〕

① $\dfrac{4}{5} - \dfrac{3}{5}$

② $\dfrac{7}{8} - \dfrac{5}{8}$

③ $1 - \dfrac{4}{7}$

④ $1 - \dfrac{1}{6}$

> **ポイント**
>
> ① 分母が同じ分数のひき算は分子で考える。
>
> $\dfrac{4}{5}$ は $\dfrac{1}{5}$ が 4 こ、$\dfrac{3}{5}$ は $\dfrac{1}{5}$ が 3 こ → 4−3=1 → $\dfrac{1}{5}$
>
> ③ 1 を $\dfrac{7}{7}$ と考える。

2 ひき算をしましょう。　　　　　　　　1つ8〔72点〕

① $\dfrac{2}{3} - \dfrac{1}{3}$

② $\dfrac{3}{4} - \dfrac{1}{4}$

③ $\dfrac{6}{7} - \dfrac{4}{7}$

④ $\dfrac{4}{5} - \dfrac{1}{5}$

⑤ $\dfrac{5}{9} - \dfrac{4}{9}$

⑥ $\dfrac{4}{6} - \dfrac{2}{6}$

⑦ $1 - \dfrac{1}{2}$

⑧ $1 - \dfrac{6}{8}$

⑨ $1 - \dfrac{2}{9}$

5 分数
分数のひき算

月　　日

／100点

1 ひき算をしましょう。

❶～⓬ 1つ6、⓭～⓰ 1つ7〔100点〕

① $\dfrac{4}{7} - \dfrac{2}{7}$

② $\dfrac{2}{5} - \dfrac{1}{5}$

③ $\dfrac{4}{8} - \dfrac{1}{8}$

④ $\dfrac{7}{10} - \dfrac{3}{10}$

⑤ $\dfrac{8}{9} - \dfrac{7}{9}$

⑥ $\dfrac{5}{6} - \dfrac{2}{6}$

⑦ $\dfrac{6}{7} - \dfrac{1}{7}$

⑧ $\dfrac{7}{8} - \dfrac{3}{8}$

⑨ $\dfrac{3}{4} - \dfrac{2}{4}$

⑩ $\dfrac{9}{10} - \dfrac{4}{10}$

⑪ $\dfrac{7}{9} - \dfrac{4}{9}$

⑫ $\dfrac{5}{6} - \dfrac{3}{6}$

⑬ $1 - \dfrac{2}{4}$

⑭ $1 - \dfrac{3}{5}$

⑮ $1 - \dfrac{1}{3}$

⑯ $1 - \dfrac{9}{10}$

答えは
71ページ

5 分数
分数の計算

1 計算をしましょう。

❶～⓬ 1つ6、⓭～⓰ 1つ7〔100点〕

① $\dfrac{3}{10} + \dfrac{5}{10}$

② $\dfrac{2}{4} - \dfrac{1}{4}$

③ $\dfrac{1}{5} + \dfrac{2}{5}$

④ $\dfrac{3}{5} - \dfrac{2}{5}$

⑤ $\dfrac{2}{8} + \dfrac{5}{8}$

⑥ $\dfrac{3}{6} - \dfrac{1}{6}$

⑦ $\dfrac{2}{9} + \dfrac{1}{9}$

⑧ $\dfrac{4}{7} - \dfrac{3}{7}$

⑨ $\dfrac{3}{6} + \dfrac{1}{6}$

⑩ $\dfrac{5}{9} - \dfrac{2}{9}$

⑪ $\dfrac{4}{10} + \dfrac{3}{10}$

⑫ $\dfrac{6}{8} - \dfrac{4}{8}$

⑬ $\dfrac{5}{7} + \dfrac{2}{7}$

⑭ $1 - \dfrac{2}{5}$

⑮ $\dfrac{1}{2} + \dfrac{1}{2}$

⑯ $1 - \dfrac{3}{8}$

---

5 分数
分数の計算

／100点

1 計算をしましょう。

❶〜⓬ 1つ6、⓭〜⓰ 1つ7〔100点〕

❶ $\dfrac{3}{9}+\dfrac{3}{9}$

❷ $\dfrac{5}{6}-\dfrac{4}{6}$

❸ $\dfrac{8}{9}-\dfrac{5}{9}$

❹ $\dfrac{4}{6}+\dfrac{1}{6}$

❺ $\dfrac{4}{7}+\dfrac{2}{7}$

❻ $\dfrac{3}{5}-\dfrac{1}{5}$

❼ $\dfrac{4}{8}-\dfrac{2}{8}$

❽ $\dfrac{4}{10}+\dfrac{4}{10}$

❾ $\dfrac{1}{5}+\dfrac{3}{5}$

❿ $\dfrac{6}{7}-\dfrac{5}{7}$

⓫ $\dfrac{6}{10}-\dfrac{3}{10}$

⓬ $\dfrac{1}{7}+\dfrac{5}{7}$

⓭ $\dfrac{4}{8}+\dfrac{4}{8}$

⓮ $1-\dfrac{5}{7}$

⓯ $1-\dfrac{4}{10}$

⓰ $\dfrac{2}{9}+\dfrac{7}{9}$

答えは
71ページ

月　　　日

10分

／100点

6 そろばん
そろばんを使った計算

1 次の数をそろばんに入れましょう。　　　1つ6〔24点〕

❶　3

❷　25

❸　79

❹　164

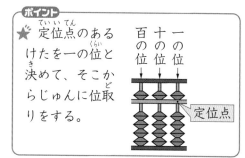

ポイント

★ 定位点のある
けたを一の位と
決めて、そこか
らじゅんに位取
りをする。

百の位　十の位　一の位

定位点

2 そろばんを使って、計算しましょう。　　　1つ7〔28点〕

❶　5+2

❷　8+11

❸　48−5

❹　73−61

3 そろばんを使って、計算しましょう。　　　1つ8〔48点〕

❶　45+31

❷　3.1+1.3

❸　3万+5万

❹　68−42

❺　7.8−5.6

❻　9万−4万

6 そろばん
そろばんを使った計算

／100点

1 そろばんを使って、計算しましょう。　1つ5〔40点〕

❶ 3+8

❷ 6+13

❸ 14+70

❹ 93+91

❺ 6−4

❻ 38−7

❼ 42−5

❽ 76−45

2 そろばんを使って、計算しましょう。　1つ6〔60点〕

❶ 44+83

❷ 54+62

❸ 3.4+1.1

❹ 4.8+7.2

❺ 24万+81万

❻ 85−43

❼ 90−69

❽ 6.8−2.6

❾ 8.1−4.2

❿ 64万−37万

答えは
72ページ

力だめし ①

／100点

1 たし算をしましょう。　　　　　　　　　　1つ5〔40点〕

❶ 312＋24

❷ 562＋137

❸ 3947＋51

❹ 374＋2125

❺ 4382＋2313

❻ 812＋69

❼ 457＋326

❽ 3878＋14

2 たし算をしましょう。　　　　　　　　　　1つ6〔60点〕

❶ 7115＋216

❷ 1123＋6258

❸ 283＋27

❹ 735＋196

❺ 1763＋79

❻ 5878＋145

❼ 649＋452

❽ 1497＋628

❾ 2867＋2255

❿ 3829＋1673

答えは
72ページ

月　　　日

力だめし ②

／100点

1 ひき算をしましょう。

1つ5〔40点〕

❶ 829−23

❷ 496−362

❸ 3939−21

❹ 5725−411

❺ 7362−6161

❻ 184−29

❼ 827−718

❽ 3791−88

2 ひき算をしましょう。

1つ6〔60点〕

❶ 3732−827

❷ 2841−1322

❸ 906−57

❹ 302−199

❺ 4982−94

❻ 5421−582

❼ 4501−1258

❽ 3855−989

❾ 2064−1999

❿ 5111−4934

答えは
72ページ

月　　日

10分

力だめし ③

／100点

1 計算をしましょう。

1つ6〔48点〕

❶ 239＋433＋67

❷ 4930−293＋588

❸ 4271−999−1723

❹ 251＋492＋508

❺ 63000＋25000

❻ 32500−12600

❼ 49万＋21万

❽ 90万−17万

2 暗算で計算しましょう。

1つ6〔24点〕

❶ 25＋33

❷ 52＋39

❸ 78−63

❹ 100−61

3 計算をしましょう。

1つ7〔28点〕

❶ $\dfrac{3}{8}＋\dfrac{4}{8}$

❷ $\dfrac{1}{6}＋\dfrac{5}{6}$

❸ $\dfrac{7}{9}−\dfrac{1}{9}$

❹ $1−\dfrac{3}{7}$

月　　　日

10分

力だめし ④

／100点

1 □にあてはまる数をもとめましょう。　　1つ5〔20点〕

① ☐ +29=96

② 34+ ☐ =52

③ ☐ -43=19

④ 81- ☐ =36

2 計算をしましょう。　　1つ6〔60点〕

① 2.4+6.1

② 3.7+1.4

③ 15+2.3

④ 23.7+51.9

⑤ 22.6+47.4

⑥ 7.4-3.2

⑦ 9.7-5.8

⑧ 29.4-7.1

⑨ 51.1-12.7

⑩ 17-12.9

3 そろばんを使って、計算しましょう。　　1つ5〔20点〕

① 32+16

② 89-71

③ 6.4+5.1

④ 85万-42万

答えは
72ページ

1

3・4ページ

1 ❶ 975　❷ 478
2 ❶ 674　❷ 986　❸ 892
　　❹ 978　❺ 898　❻ 479
　　❼ 669　❽ 687

★　★　★

1 ❶ 794　❷ 998　❸ 796
　　❹ 727　❺ 979　❻ 999
2 ❶ 999　❷ 499　❸ 898
3 ❶ 877　❷ 388　❸ 399
　　❹ 879

2

5・6ページ

1 ❶ 165　❷ 519
2 ❶ 319　❷ 577　❸ 810
　　❹ 271　❺ 725　❻ 757
　　❼ 490　❽ 978

★　★　★

1 ❶ 419　❷ 277　❸ 436
　　❹ 595　❺ 237　❻ 640
2 ❶ 690　❷ 618　❸ 287
3 ❶ 710　❷ 983　❸ 904
　　❹ 977

3

7・8ページ

1 ❶ 703　❷ 610

2 ❶ 231　❷ 603　❸ 954
　　❹ 624　❺ 315　❻ 857
　　❼ 375　❽ 830

★　★　★

1 ❶ 260　❷ 844　❸ 642
　　❹ 853　❺ 905　❻ 900
2 ❶ 700　❷ 872　❸ 802
3 ❶ 920　❷ 350　❸ 837
　　❹ 800

4

9・10ページ

1 ❶ 1287　　❷ 1003
2 ❶ 1198　　❷ 1053
　　❸ 1341　　❹ 1354
　　❺ 1001　　❻ 1204
　　❼ 1000　　❽ 1002

★　★　★

1 ❶ 1171　　❷ 1552
　　❸ 1500　　❹ 1054
　　❺ 1111　　❻ 1100
2 ❶ 1442　　❷ 1200
　　❸ 1009
3 ❶ 1131　　❷ 1000
　　❸ 1722　　❹ 1202

5

11・12ページ

1 ❶ 893　　　❷ 632

❸ 1439　❹ 909
❺ 1095　❻ 1021
2 ❶ 940　❷ 1368
❸ 360
3 ❶ 1081　❷ 313
❸ 1131　❹ 1241
★ ★ ★
1 ❶ 1245　❷ 807
❸ 1088　❹ 680
❺ 1132　❻ 1345
2 ❶ 1135　❷ 572
❸ 1013
3 ❶ 674　❷ 1091
❸ 1187　❹ 1000

6　13・14ページ

1 ❶ 3381　❷ 9837
2 ❶ 4435　❷ 8593
❸ 2250　❹ 8934
❺ 9317　❻ 9033
❼ 6205　❽ 9302
★ ★ ★
1 ❶ 8601　❷ 8079
❸ 6125　❹ 7853
❺ 8021　❻ 9271
2 ❶ 7928　❷ 9005
❸ 6002
3 ❶ 7103　❷ 8011
❸ 8600　❹ 9293

7　15・16ページ

1 ❶ 231　❷ 212
2 ❶ 324　❷ 505　❸ 820

❹ 264　❺ 37　❻ 146
❼ 600　❽ 232
★ ★ ★
1 ❶ 654　❷ 550　❸ 335
❹ 334　❺ 409　❻ 300
2 ❶ 30　❷ 736　❸ 433
3 ❶ 302　❷ 340　❸ 3
❹ 405

8　17・18ページ

1 ❶ 254　❷ 405
2 ❶ 173　❷ 182　❸ 326
❹ 622　❺ 104　❻ 226
❼ 526　❽ 293
★ ★ ★
1 ❶ 517　❷ 761　❸ 104
❹ 458　❺ 658　❻ 674
2 ❶ 468　❷ 353　❸ 294
3 ❶ 349　❷ 809　❸ 790
❹ 194

9　19・20ページ

1 ❶ 259　❷ 497
2 ❶ 86　❷ 856　❸ 182
❹ 37　❺ 777　❻ 195
❼ 256　❽ 179
★ ★ ★
1 ❶ 298　❷ 389　❸ 355
❹ 464　❺ 68　❻ 389
2 ❶ 289　❷ 399　❸ 99
3 ❶ 56　❷ 648　❸ 279
❹ 578

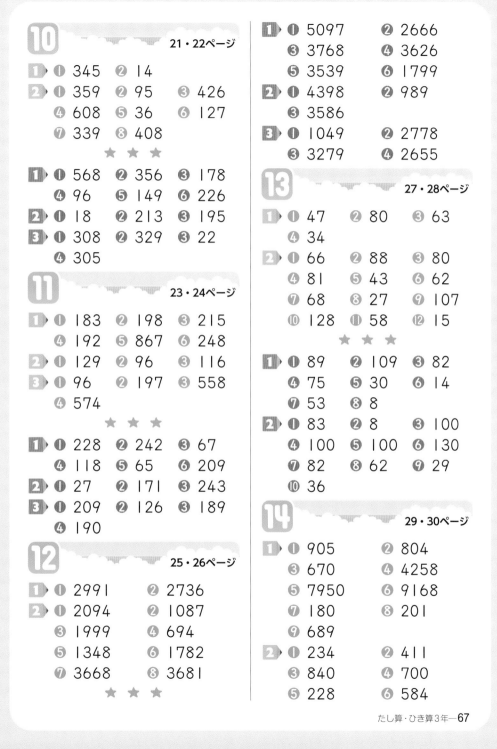

10
21・22ページ

1 ❶ 345 ❷ 14

2 ❶ 359 ❷ 95 ❸ 426
    ❹ 608 ❺ 36 ❻ 127
    ❼ 339 ❽ 408

★ ★ ★

1 ❶ 568 ❷ 356 ❸ 178
    ❹ 96 ❺ 149 ❻ 226
2 ❶ 18 ❷ 213 ❸ 195
3 ❶ 308 ❷ 329 ❸ 22
    ❹ 305

11
23・24ページ

1 ❶ 183 ❷ 198 ❸ 215
    ❹ 192 ❺ 867 ❻ 248
2 ❶ 129 ❷ 96 ❸ 116
3 ❶ 96 ❷ 197 ❸ 558
    ❹ 574

★ ★ ★

1 ❶ 228 ❷ 242 ❸ 67
    ❹ 118 ❺ 65 ❻ 209
2 ❶ 27 ❷ 171 ❸ 243
3 ❶ 209 ❷ 126 ❸ 189
    ❹ 190

12
25・26ページ

1 ❶ 2991 ❷ 2736
2 ❶ 2094 ❷ 1087
    ❸ 1999 ❹ 694
    ❺ 1348 ❻ 1782
    ❼ 3668 ❽ 3681

★ ★ ★

1 ❶ 5097 ❷ 2666
    ❸ 3768 ❹ 3626
    ❺ 3539 ❻ 1799
2 ❶ 4398 ❷ 989
    ❸ 3586
3 ❶ 1049 ❷ 2778
    ❸ 3279 ❹ 2655

13
27・28ページ

1 ❶ 47 ❷ 80 ❸ 63
    ❹ 34
2 ❶ 66 ❷ 88 ❸ 80
    ❹ 81 ❺ 43 ❻ 62
    ❼ 68 ❽ 27 ❾ 107
    ❿ 128 ⓫ 58 ⓬ 15

★ ★ ★

1 ❶ 89 ❷ 109 ❸ 82
    ❹ 75 ❺ 30 ❻ 14
    ❼ 53 ❽ 8
2 ❶ 83 ❷ 8 ❸ 100
    ❹ 100 ❺ 100 ❻ 130
    ❼ 82 ❽ 62 ❾ 29
    ❿ 36

14
29・30ページ

1 ❶ 905 ❷ 804
    ❸ 670 ❹ 4258
    ❺ 7950 ❻ 9168
    ❼ 180 ❽ 201
    ❾ 689
2 ❶ 234 ❷ 411
    ❸ 840 ❹ 700
    ❺ 228 ❻ 584

★ ★ ★

1▶ ❶ 906 ❷ 803
❸ 830 ❹ 981
❺ 901 ❻ 1001
❼ 407 ❽ 803
❾ 1203
2▶ ❶ 690 ❷ 872
❸ 9001 ❹ 7924
❺ 500 ❻ 900

15 31・32ページ

1▶ ❶ 249 ❷ 345
❸ 175 ❹ 1126
❺ 795 ❻ 7198
2▶ ❶ 278 ❷ 415
❸ 327 ❹ 699
❺ 354 ❻ 430
❼ 254 ❽ 79
❾ 5096 ❿ 3439

★ ★ ★

1▶ ❶ 109 ❷ 339
❸ 696 ❹ 788
❺ 2997 ❻ 1909
2▶ ❶ 253 ❷ 627
❸ 99 ❹ 8
❺ 326 ❻ 196
❼ 3478 ❽ 1845
❾ 3984 ❿ 3219

16 33・34ページ

1▶ ❶ 581 ❷ 1179
❸ 201 ❹ 22
❺ 795 ❻ 343

2▶ ❶ 5240 ❷ 9782
❸ 5323 ❹ 3921
❺ 4664 ❻ 3999
❼ 5173 ❽ 1

★ ★ ★

1▶ ❶ 5032 ❷ 4854
❸ 183 ❹ 2620
❺ 3560 ❻ 4530
2▶ ❶ 879 ❷ 8121
❸ 7078 ❹ 4651
❺ 2798 ❻ 8318
❼ 7823 ❽ 4169

17 35・36ページ

1▶ ❶ 112 ❷ 135
❸ 992 ❹ 1350
2▶ ❶ 166 ❷ 145
❸ 139 ❹ 113
❺ 384 ❻ 572
❼ 1379 ❽ 1119
❾ 3982 ❿ 6183

★ ★ ★

1▶ ❶ 136 ❷ 754
❸ 1202 ❹ 2163
❺ 6444 ❻ 6426
2▶ ❶ 113 ❷ 149
❸ 199 ❹ 112
❺ 1293 ❻ 1534
❼ 9632 ❽ 180

18

37・38ページ

1️⃣ ❶ 34000 　❷ 35万
❸ 27000 　❹ 14万

2️⃣ ❶ 46000 　❷ 53000
❸ 72000 　❹ 22000
❺ 121万 　❻ 35万
❼ 452万 　❽ 405万
❾ 903000 ❿ 513000

★ ★ ★

1️⃣ ❶ 164000 　❷ 520000
❸ 1699万 　❹ 766万
❺ 25000 　❻ 480000
❼ 407万 　❽ 185万

2️⃣ ❶ 57000 　❷ 998000
❸ 83900 　❹ 800万
❺ 1103万 　❻ 28800
❼ 11000 　❽ 86000
❾ 254万 　❿ 529万

19

39・40ページ

1️⃣ ❶ 25 　❷ 57

2️⃣ ❶ 26 　❷ 73 　❸ 16
❹ 38 　❺ 4 　❻ 89
❼ 3 　❽ 63 　❾ 38
❿ 17 　⓫ 88 　⓬ 56
⓭ 74 　⓮ 55

★ ★ ★

1️⃣ ❶ 53 　❷ 85 　❸ 8
❹ 59 　❺ 49 　❻ 69
❼ 8 　❽ 131

2️⃣ ❶ 138 　❷ 46 　❸ 190
❹ 166 　❺ 171 　❻ 196

❼ 455 　❽ 372 　❾ 43
❿ 124 　⓫ 125 　⓬ 108

20

41・42ページ

1️⃣ ❶ 87 　❷ 5 　❸ 50 　❹ 9

2️⃣ ❶ 78 　❷ 83 　❸ 28
❹ 3 　❺ 80 　❻ 78
❼ 55 　❽ 21 　❾ 140
❿ 126 　⓫ 182 　⓬ 149

★ ★ ★

1️⃣ ❶ 46 　❷ 120 　❸ 7
❹ 108 　❺ 82 　❻ 131
❼ 64 　❽ 117

2️⃣ ❶ 153 　❷ 305 　❸ 440
❹ 65 　❺ 180 　❻ 368
❼ 414 　❽ 289 　❾ 292
❿ 406 　⓫ 318 　⓬ 19

21

43・44ページ

1️⃣ ❶ 0.7 　❷ 1.9 　❸ 4.2
❹ 4

2️⃣ ❶ 0.9 　❷ 0.9 　❸ 1.7
❹ 2.9 　❺ 3.7 　❻ 3.8
❼ 3.9 　❽ 2.6 　❾ 3.6
❿ 3.5 　⓫ 4 　⓬ 3

★ ★ ★

1️⃣ ❶ 1.4 　❷ 2.9 　❸ 2.5
❹ 2.8 　❺ 3.8 　❻ 3.9
❼ 2.7 　❽ 3.2

2️⃣ ❶ 4.3 　❷ 4.5 　❸ 2.1
❹ 3.1 　❺ 4.1 　❻ 3.6
❼ 3 　❽ 3 　❾ 2
❿ 4

22

45・46ページ

1 ❶ 0.5　❷ 0.7　❸ 1
　　❹ 0.5

2 ❶ 0.2　❷ 0.4　❸ 0.1
　　❹ 0.6　❺ 1.3　❻ 0.6
　　❼ 0.9　❽ 0.2　❾ 0.3
　　❿ 1.5　⓫ 1.6　⓬ 0.7

★ ★ ★

1 ❶ 0.5　❷ 0.3　❸ 1.4
　　❹ 1.1　❺ 1.5　❻ 1.1
　　❼ 1　　❽ 0.2

2 ❶ 0.8　❷ 1.9　❸ 0.4
　　❹ 1.1　❺ 0.8　❻ 0.9
　　❼ 0.7　❽ 0.5　❾ 0.6
　　❿ 1.8

23

47・48ページ

1 ❶ 5.9　❷ 11.3

2 ❶ 5.8　❷ 3.2　❸ 11.1
　　❹ 7.7　❺ 10　❻ 6.7
　　❼ 18.2　❽ 10

★ ★ ★

1 ❶ 2.7　❷ 8.8　❸ 9.9
　　❹ 1　　❺ 2　　❻ 8.3

2 ❶ 23.3　❷ 22.6　❸ 15.2

3 ❶ 16　❷ 5.5　❸ 19.8
　　❹ 30

24

49・50ページ

1 ❶ 0.5　❷ 6.6

2 ❶ 1.4　❷ 2.3　❸ 2
　　❹ 1.2　❺ 4.7　❻ 6.1

★ ★ ★

1 ❶ 5.3　❷ 6.2　❸ 0.6
　　❹ 2　　❺ 0.5　❻ 1.8

2 ❶ 12.7　❷ 13.8　❸ 0.9

3 ❶ 4.5　❷ 3.4　❸ 6.3
　　❹ 2.7

25

51・52ページ

1 ❶ 4.3　❷ 5.9　❸ 8.2
　　❹ 5.9　❺ 0.4　❻ 1.3
　　❼ 4.6　❽ 2

2 ❶ 6　　❷ 9.1　❸ 8.7
　　❹ 10.2　❺ 11.1　❻ 1.3
　　❼ 1.6　❽ 2.6　❾ 3.3
　　❿ 0.7

★ ★ ★

1 ❶ 8.5　❷ 8　　❸ 12.8
　　❹ 8.2　❺ 4.7　❻ 6.7
　　❼ 4.9　❽ 0.7

2 ❶ 12.5　❷ 19.3　❸ 10.3
　　❹ 10.4　❺ 19　❻ 0.6
　　❼ 12.4　❽ 12.7　❾ 12.2
　　❿ 9.3

26

53・54ページ

1 ❶ $\frac{6}{7}$　❷ $\frac{6}{8}$　❸ 1　❹ 1

2 ❶ $\frac{5}{8}$　❷ $\frac{9}{10}$　❸ $\frac{6}{7}$

　　❹ $\frac{3}{5}$　❺ $\frac{3}{4}$　❻ $\frac{5}{6}$

　　❼ 1　　❽ 1　　❾ 1

★ ★ ★

1▸
① $\dfrac{7}{8}$　② $\dfrac{8}{9}$　③ $\dfrac{3}{4}$

④ $\dfrac{4}{5}$　⑤ $\dfrac{5}{7}$　⑥ $\dfrac{8}{10}$

⑦ $\dfrac{8}{9}$　⑧ $\dfrac{2}{3}$　⑨ $\dfrac{6}{8}$

⑩ $\dfrac{5}{7}$　⑪ $\dfrac{3}{6}$　⑫ $\dfrac{9}{10}$

⑬ 1　⑭ 1　⑮ 1

⑯ 1

27

55・56ページ

1▸
① $\dfrac{1}{5}$　② $\dfrac{2}{8}$　③ $\dfrac{3}{7}$

④ $\dfrac{5}{6}$

2▸
① $\dfrac{1}{3}$　② $\dfrac{2}{4}$　③ $\dfrac{2}{7}$

④ $\dfrac{3}{5}$　⑤ $\dfrac{1}{9}$　⑥ $\dfrac{2}{6}$

⑦ $\dfrac{1}{2}$　⑧ $\dfrac{2}{8}$　⑨ $\dfrac{7}{9}$

★ ★ ★

1▸
① $\dfrac{2}{7}$　② $\dfrac{1}{5}$　③ $\dfrac{3}{8}$

④ $\dfrac{4}{10}$　⑤ $\dfrac{1}{9}$　⑥ $\dfrac{3}{6}$

⑦ $\dfrac{5}{7}$　⑧ $\dfrac{4}{8}$　⑨ $\dfrac{1}{4}$

⑩ $\dfrac{5}{10}$　⑪ $\dfrac{3}{9}$　⑫ $\dfrac{2}{6}$

⑬ $\dfrac{2}{4}$　⑭ $\dfrac{2}{5}$　⑮ $\dfrac{2}{3}$

⑯ $\dfrac{1}{10}$

28

57・58ページ

1▸
① $\dfrac{8}{10}$　② $\dfrac{1}{4}$　③ $\dfrac{3}{5}$

④ $\dfrac{1}{5}$　⑤ $\dfrac{7}{8}$　⑥ $\dfrac{2}{6}$

⑦ $\dfrac{3}{9}$　⑧ $\dfrac{1}{7}$　⑨ $\dfrac{4}{6}$

⑩ $\dfrac{3}{9}$　⑪ $\dfrac{7}{10}$　⑫ $\dfrac{2}{8}$

⑬ 1　⑭ $\dfrac{3}{5}$　⑮ 1

⑯ $\dfrac{5}{8}$

★ ★ ★

1▸
① $\dfrac{6}{9}$　② $\dfrac{1}{6}$　③ $\dfrac{3}{9}$

④ $\dfrac{5}{6}$　⑤ $\dfrac{6}{7}$　⑥ $\dfrac{2}{5}$

⑦ $\dfrac{2}{8}$　⑧ $\dfrac{8}{10}$　⑨ $\dfrac{4}{5}$

⑩ $\dfrac{1}{7}$　⑪ $\dfrac{3}{10}$　⑫ $\dfrac{6}{7}$

⑬ 1　⑭ $\dfrac{2}{7}$　⑮ $\dfrac{6}{10}$

⑯ 1

29

59・60ページ

1▸
①　②　③　④

2▸
① 7　② 19　③ 43

④ 12

③ ❶ 76　❷ 4.4　❸ 8万
❹ 26　❺ 2.2　❻ 5万

★　★　★

1 ❶ 11　❷ 19　❸ 84
❹ 184　❺ 2　❻ 31
❼ 37　❽ 31

2 ❶ 127　　❷ 116
❸ 4.5　　❹ 12
❺ 105万　❻ 42
❼ 21　　❽ 4.2
❾ 3.9　　❿ 27万

30

61ページ

1 ❶ 336　　❷ 699
❸ 3998　❹ 2499
❺ 6695　❻ 881
❼ 783　　❽ 3892

2 ❶ 7331　❷ 7381
❸ 310　　❹ 931
❺ 1842　❻ 6023
❼ 1101　❽ 2125
❾ 5122　❿ 5502

31

62ページ

1 ❶ 806　　❷ 134
❸ 3918　❹ 5314
❺ 1201　❻ 155
❼ 109　　❽ 3703

2 ❶ 2905　❷ 1519
❸ 849　　❹ 103
❺ 4888　❻ 4839
❼ 3243　❽ 2866
❾ 65　　❿ 177

32

63ページ

1 ❶ 739　　❷ 5225
❸ 1549　❹ 1251
❺ 88000　❻ 19900
❼ 70万　❽ 73万

2 ❶ 58　❷ 91　❸ 15
❹ 39

3 ❶ $\frac{7}{8}$　❷ 1　❸ $\frac{6}{9}$
❹ $\frac{4}{7}$

33

64ページ

1 ❶ 67　❷ 18　❸ 62
❹ 45

2 ❶ 8.5　❷ 5.1　❸ 17.3
❹ 75.6　❺ 70　❻ 4.2
❼ 3.9　❽ 22.3　❾ 38.4
❿ 4.1

3 ❶ 48　❷ 18　❸ 11.5
❹ 43万